Faraday
ve Elektriğin Bilimi

Brian Williams
Resimleyen: **David Antram**

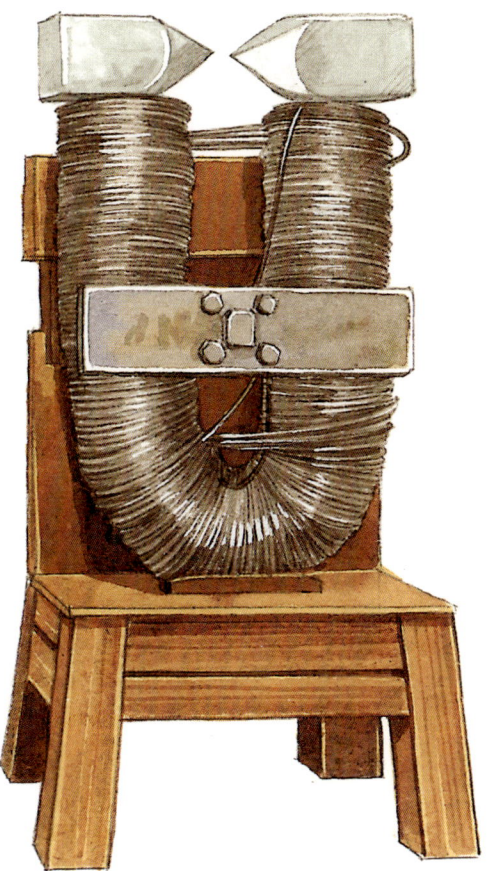

TÜBİTAK POPÜLER BİLİM KİTAPLARI

TÜBİTAK Popüler Bilim Kitapları 914

Bilimin Patlama Çağı - Faraday ve Elektriğin Bilimi
The Explosion Zone - Faraday and the Science of Electricity
Brian Williams
Resimleyen: David Antram

Çeviri: Cengiz Adanur
Redaksiyon: Bilge Nihal Zileli Alkım
Tashih: Ömer Akpınar

Faraday and the Science of Electricity © The Salariya Book Company Limited, 2003
Türkçe Yayın Hakkı © Türkiye Bilimsel ve Teknolojik Araştırma Kurumu, 2014

Bu yapıtın bütün hakları saklıdır. Yazılar ve görsel malzemeler,
izin alınmadan tümüyle veya kısmen yayımlanamaz.

TÜBİTAK Popüler Bilim Kitapları'nın seçimi ve değerlendirilmesi
TÜBİTAK Kitaplar Yayın Danışma Kurulu tarafından yapılmaktadır.

ISBN 978 - 605 - 312 - 182 - 4

Yayıncı Sertifika No: 15368

1. Basım Temmuz 2019 (12.500 adet)

Genel Yayın Yönetmeni: Bekir Çengelci
Mali Koordinatör: Adem Polat
Telif İşleri Sorumlusu: Dr. Zeynep Çanakcı

Yayıma Hazırlayan: Muhammed Said Vapur
Sayfa Düzeni: Elnârâ Ahmetzâde
Basım İzleme: Duran Akca

TÜBİTAK
Kitaplar Müdürlüğü
Akay Caddesi No: 6 Bakanlıklar Ankara
Tel: (312) 298 96 51 Faks: (312) 428 32 40
e-posta: kitap@tubitak.gov.tr
esatis.tubitak.gov.tr

Başak Matbaacılık ve Tanıtım Hizmetleri Ltd. Şti.
Macun Mahallesi Anadolu Bulvarı No: 5/15 Gimat Yenimahalle Ankara
Tel: (312) 397 16 17 Faks: (312) 397 03 07   Sertifika No: 12689

Bilimin Patlama Çağı

Faraday
ve Elektriğin Bilimi

Brian Williams
Resimleyen: **David Antram**

Çeviri: **Cengiz Adanur**

TÜBİTAK
POPÜLER BİLİM KİTAPLARI

İçindekiler

Giriş	5
Çekim nedir?	6
Ne varsa oku	8
Uçuşan Kıvılcımlar	10
Elektrik yükü	12
Döndüren keşif	14
Tele dolamak	16
Devre tamamlanır	18
Bir üreteç	20
Alanında bir ilk	22
Işığı yakmak	24
Şaşırtan keşifler	26
Faraday sayesinde gelen gelecek	28
Sözlük	30
Dizin	32

Giriş

Elektriksiz bir dünya düşünebilir misiniz? Düğmeye bastığınızda ışığın yanmadığını, evleri ısıtacak, yiyecekleri pişirecek, taşıtlarımızı, televizyonlarımızı ya da bilgisayarlarımızı çalıştıracak bir gücün olmadığını?

Michael Faraday doğduğunda bildiğimiz hâliyle elektrik yoktu. İnsanlar bir tarağın kâğıdı nasıl çektiğini ya da yıldırımın neden yangına yol açtığını merak ediyordu. Mucitler kıvılcımlar çıkaran ve insanlara şok veren makineleri gösterdiğinde herkesin nefesi kesiliyordu. Kıvılcımlara yol açan şey gizemini korusa da bunun kimsenin işine yaramayacağı düşünülüyordu; ta ki Faraday sahneye çıkıncaya kadar. Faraday elektriğin ve elektrikle çalışan makinelerin nasıl elde edileceğini gösterdi. Faraday modern dünyanın kapılarını aralayan düğmeye bastı.

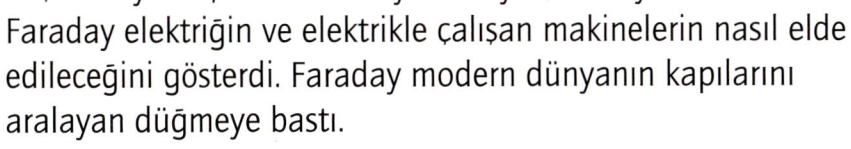

Çekim nedir?

Michael Faraday 22 Eylül 1791'de doğdu. İş bulmak için Michael'ın doğduğu yıl İngiltere'nin kuzeyinden Londra'ya taşınan bir demirci olan James ve Margaret'ın üçüncü çocuğuydu. Faradaylar ileri görüşlü bir aileydi. Oldukça fakir olmalarına rağmen Michael'ı okula göndermek için her hafta az da olsa bir miktar parayı gözden çıkarıyorlardı.

Michael 13 yaşına geldiğinde çalışmaya başlamak zorunda kaldı. Londra'da Oxford Caddesi civarında bir ciltçide iş buldu. Patronu George Riebau, Michael'ı sık sık müşterilere gönderiyordu, bu da onun şehrin güzel yerlerini görmesini sağlıyordu. Riebau çok geçmeden Michael'ın çok zeki olduğunu fark etti. Kitapların kapaklarını neşeli bir şekilde yapıştırırken aynı zamanda onları okuyordu. Michael bilim ve icatlar hakkında yeni şeyler öğrenmeyi seviyordu. Bir ansiklopedide elektrikle ilgili bazı şeyler okudu ve bu hayal gücünü ateşleyen şey oldu!

Elektrikli yılanbalığı

Torpilbalığı

ELEKTRİKLİ BALIKLAR

Bazı balıklar çarpar! Torpilbalıklarının ve elektrikli yılanbalıklarının vücutlarında özel hücreler bulunur. Bu hücreler küçük bir balığı sersemletecek ya da daha büyük bir düşmanı korkutup kaçırmaya yetecek miktarda elektrik üretir.

Ne varsa oku

Faraday düzenli olarak bilim söyleşilerini dinlemeye giderdi. Orada öğrenmeye meraklı diğer gençlerden arkadaşlar edinirdi. Bilim o dönem çok popülerdi. Faraday bir gün Humphry Davy'nin konuşmasına ücretsiz bilet buldu. Davy yeni fikirlere meraklı insanların üye olduğu Kraliyet Bilimler Akademisi'nin en gözde bilim insanıydı. Konuşmaları "özel gösterilerle" doluydu: volkan modelleri, renkli dumanlar ve insanların karnına gülmekten ağrılar sokan kahkaha gazı (diazot monoksit). Faraday aldığı derslerde hazırladığı notları ve çizimleri Davy'ye göndererek ondan iş istedi. Davy 1812 yılının Ekim ayında yaptığı bir deney esnasında neredeyse kendisini havaya uçuruyordu! Bir asistana ihtiyacı vardı.

MARY SHELLEY'NİN YAZDIĞI
Frankenstein'da (1818) bir bilim insanı, kendi yaptığı canavara hayat vermek için elektrikten faydalanıyordu. İnsanların tellerle, bataryalarla yapılan numaralara bayılmasına hiç şaşmamalı!

NOT DEFTERLERİ
Faraday tüm hayatı boyunca notlarını ve çizimlerini sakladı. Deneylerin bilimdeki pek çok soruya cevap verebileceğini düşünüyordu.

LUIGI GALVANI
1771 yılında bu İtalyan bilim insanı, iki farklı metalle dokunulduğunda ölü bir kurbağanın bacağının aniden kıpırdadığını gözlemledi. Neden peki? Cevap elektrik akımıydı.

Uçuşan Kıvılcımlar

Humphry Davy

Michael Faraday

Humphry Davy, Faraday'ı asistanı olarak işe aldı. 1813 yılında Avrupa'da uzun bir yolculuğa çıktılar. Faraday, Davy'nin hizmetçiliğini yaptı fakat aynı zamanda meşhur insanlarla tanıştı. Elektriğin bir devrede nasıl hareket ettiğini bilen Fransız bilim insanı André Ampère ile tanıştı. Davy ve Faraday İtalya'da bataryanın mucidi olan Alessandro Volta'yı ziyaret ettiler. Volta'dan önce elektrik elde etmenin tek yolu sürtünmeydi. Sürtünme makineleri kıvılcımlar oluşturuyordu, bu kıvılcımlar da yakalanıp camdan yapılan Leyden şişelerinde saklanıyordu. Kimse bir odayı aydınlatmaya ya da bir makineyi çalıştırmaya yetecek miktardaki elektrik akımının nasıl oluşturulacağını bilmiyordu. İnsanlar, Volta'nın pilini kullanarak elektrik deneyleri yapabiliyordu.

Metal tarakta toplanan yük

Yük, bir topuzdan diğerine ve oradan da şişenin içine atlar.

Leyden şişesi

Cama sürtünen deri elektrik yükü oluşturur.

Sürtünme makinesi (sağda)

Gümüş

Çinko

Tuz emdirilmiş nemli kâğıt

Volta pili

İşte Bilim

Pil nasıl çalışır?

Karbon çubuk (+)
Kimyasal macun
Çinko kılıf (-)

Kuru hücreli pil, çinko kılıf içerisinde kimyasal macun içerir. Kılıf, bataryanın eksi (-) elektrotudur. Karbon çubuk ise artı (+) elektrotudur. Bu iki elektrot birbirine bağlanınca ikisi arasında akım gerçekleşir.

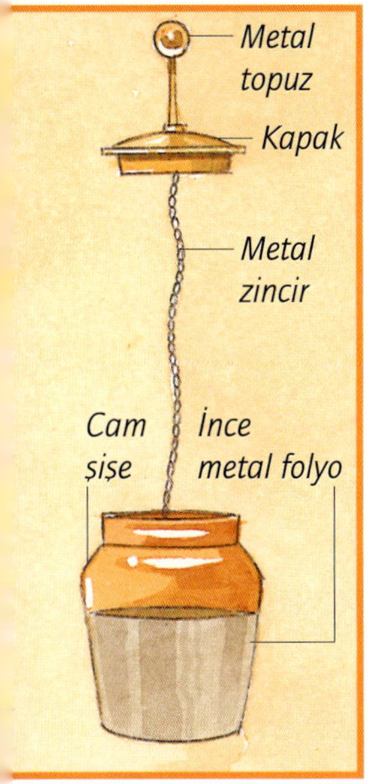

Kendiniz Deneyin

LİMON PİLİ

Bir limon üzerinde iki yarık açın. Yarıkların birisine bakır bir para, diğerine ise çinko şerit yerleştirin. Metalleri kabloyla birleştirerek bir devre oluşturun. Metaller limondaki asitle tepkimeye girerek dilinizi sızlatmaya ya da küçük bir ampulü yakmaya yetecek kadar bir elektrik akımı meydana getirir.

VOLTA PİLİ

Volta'nın ıslak hücreli pilinde, gümüş ya da çinko disk çiftleri tuzlu su emdirilmiş kâğıt ya da kumaşın arasına sıkıştırılır (yukarıda). Volta pili ıslak disk yığınında gerçekleşen kimyasal tepkimeler sonucu elektrik üretiyordu.

Metal topuz
Kapak
Metal zincir
Cam şişe
İnce metal folyo

KIVILCIMLARI DEPOLAMAK

Hollanda'nın Leyden kentinde, bir bilim insanı 1745 yılında ilk "Leyden şişesi"ni yaptı. Leyden şişesi, içi metal bir folyo ile kaplanmış bir cam şişeydi. Sürtünme makinesini çevirmek statik elektrik meydana getiriyor, oluşan bu statik elektrik şişenin içine atlıyordu (solda). Leyden şişesi elektriği depolayabiliyordu. Bu, kondansatör olarak bilinen aygıtın ilk şekliydi.

Elektrik yükü

Davy, Faraday'ı genellikle Londra'da, Kraliyet Bilimler Akademisi'ndeki laboratuvarlarında görevli olarak bırakıyordu. Birlikte madenciler için bir emniyet lambası icat ettiler, kimyasal maddelerle deneyler yaptılar ve deney tüplerini havaya uçurdular! Faraday bir süreliğine Galler'e, demircilik öğrenmeye gitti. Bu konu bir demircinin oğlu olarak onu âdeta büyülüyordu.

1820 yılının Ekim ayında Davy heyecan verici bir haberle içeri daldı. Danimarkalı bir bilim insanı olan Hans Örsted manyetizma ile elektrik arasında bir bağlantı bulmuştu. Mıknatıslı bir pusulanın yakınındaki bir telden elektrik akımı geçirmiş ve pusulanın iğnesi oynamıştı. Bu durum Faraday'ı düşünmeye sevk etti. Acaba mıknatısları kullanarak elektrik üretebilir miydi?

DAVY LAMBASI

Muhafazasız alevler kömür madenlerini aydınlatmak için çok tehlikeli bir yoldu. Yeni lambanın sırrı yanmakta olan fitilin alevinden gelen ısıyı soğutan, metalden yapılmış bir tel kafes içermesiydi. Bu lamba madenlerde görülen metan gazının tutuşmasını ve böylece patlamaları önledi. Emniyet lambasına Davy ismi verildi. Fakat işin aslını öğrenmek isterseniz, bu lambanın yapımında Faraday'ın büyük katkıları olmuştu.

ÇATI ÜZERİNDE ARAŞTIRMA

1819 yılında bir gün Faraday, deney düzeneği kurmak için Kraliyet Bilimler Akademisi'nin çatısına tırmandı. Baca peteğine bir kablo bağladı ve kabloyu laboratuvara kadar indirdi. Faraday'ın fırtınalı bir günde yaptığı paratoner bir Leyden şişesini elektrikle doldurdu.

Döndüren Keşif

Faraday'ın aklında mıknatıslar ve piller dışında başka şeyler de vardı. 1821 yılının Haziran ayında Sarah Barnard ile evlenip Kraliyet Bilimler Akademisi'ne yerleşti. Faraday'dan, "elektromanyetizma" hakkında bilinenler üzerine bir makale yazması istendi. Bu makaleyi yazmak Faraday'ın aklına yeni bir fikir getirdi. 1821 yılının Eylül ayında laboratuvarına giderek mantar tıpası, tel, cam kavanozu, cıva, mıknatıs ve Volta pili gibi elektrik malzemelerini dikkatlice topladı. Sarah'ya ve yeğeni George'a, bir elektrik akımının mıknatıslanmış bir teli döndüreceğinden emin olduğunu söyledi. İlgili tüm malzemeleri bir pile bağladı. Vay canına! Tel, mıknatıs etrafında dönüyordu. George ve Faraday dünyanın ilk elektrik motorunun etrafında neşe içinde dans ettiler.

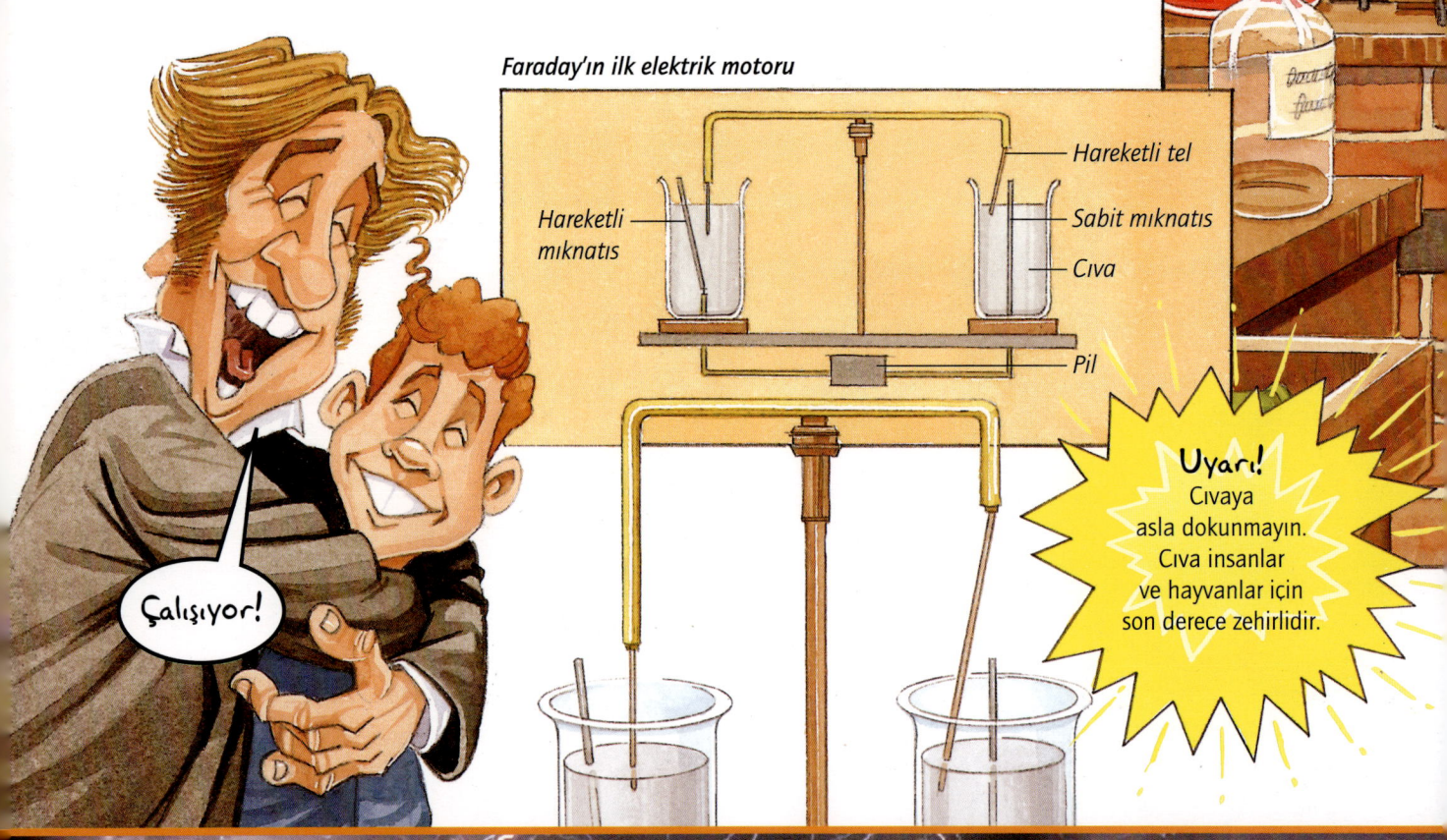

Faraday'ın ilk elektrik motoru

- Hareketli mıknatıs
- Hareketli tel
- Sabit mıknatıs
- Cıva
- Pil

Çalışıyor!

Uyarı! Cıvaya asla dokunmayın. Cıva insanlar ve hayvanlar için son derece zehirlidir.

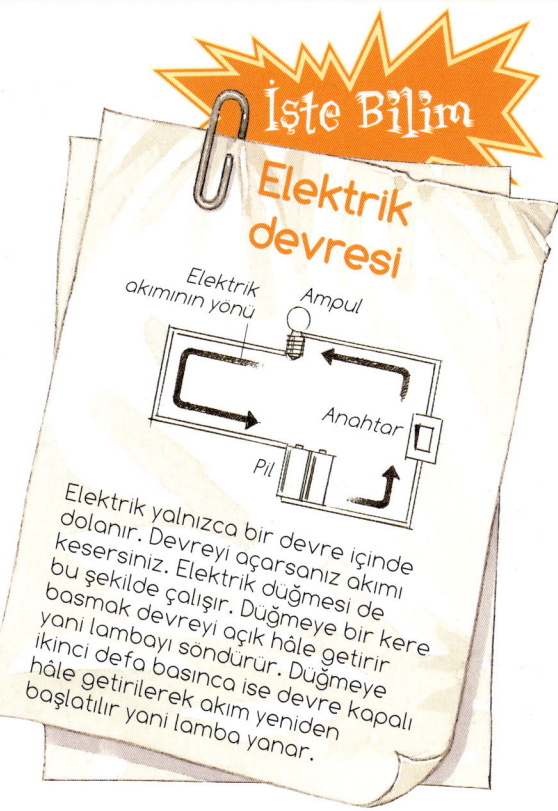

İşte Bilim
Elektrik devresi

Elektrik yalnızca bir devre içinde dolanır. Devreyi açarsanız akımı kesersiniz. Elektrik düğmesi de bu şekilde çalışır. Düğmeye bir kere basmak devreyi açık hâle getirir yani lambayı söndürür. Düğmeye ikinci defa basınca ise devre kapalı hâle getirilerek akım yeniden başlatılır yani lamba yanar.

İLK ELEKTRİK MOTORU

İki kavanoz cıva, elektrik devresinin bir kısmını oluşturuyordu (yan sayfada). Her bir kavanozda bir mıknatıs yer alıyordu. Pilden gelen akım devre içinde dolandığında "serbest" yani hareketli tel, sabit mıknatısın çevresinde dolanıyordu.

BOŞ BİR ÇEKİŞME

Faraday'ın keşfi onu meşhur edince Humphry Davy bu durumu kıskandı. Davy, Faraday'ın bir başka bilim insanı olan William Wollaston'un fikirlerini çaldığı dedikodusunu etrafa yaydı. Ancak bu doğru değildi.

Tele dolamak

Davy ile olan tartışma Faraday'ı üzdü ve Davy, Faraday'a bir hizmetçi gibi davranmayı sürdürdü. Fakat Faraday, William Wollaston ile arkadaşlık kurdu, Ampère'den ve diğer bilim insanlarından tebrik mektupları aldı. Faraday ailesi patırtı, çatırtı ve tıkırtıların duyulduğu laboratuvarın üst katında mutlu bir şekilde yaşadı. 1823 yılındaki gürültülü bir patlama yeni bir buluşa işaret ediyordu: Faraday klor gazını sıvıya dönüştürmüştü. Faraday insanların fikir alışverişi yapabildikleri Kraliyet Bilimler Akademisi'nde konferans vermeyi seviyordu. Bir mektupta keyif içinde "Ortalığı neşelendiriyoruz." yazmıştı. Tel bobinler ve mıknatıslarla deneyler yapmakla meşguldü. William Sturgeon'ın (1825) ve Amerikalı bilim insanı Joseph Henry'nin (1829) ağır demir kütleleri kaldırabilen elektromıknatısları nasıl yaptıklarını okudu.

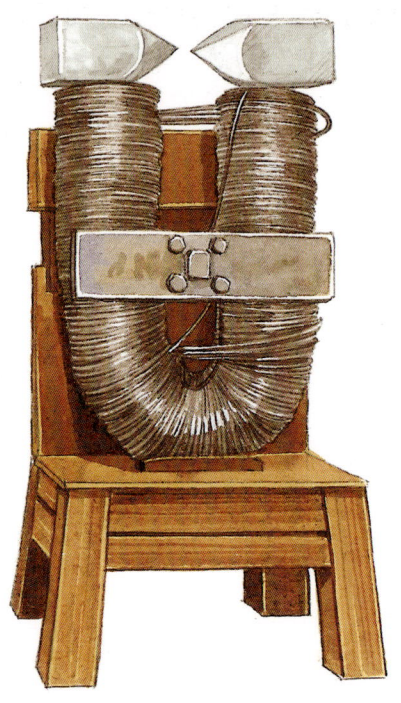

ELEKTROMANYETİK SANDALYE

Faraday, U şeklindeki demir çubuğun etrafına çok uzun bir teli sararak elektromıknatıs elde etti. Sandalyenin üzerine yerleştirdiği elektromıknatıs çok ağırdı (yukarıda). Tellerin ucu bir bataryaya bağlandığında demir çubuk bir mıknatısa dönüşüyordu.

ELEKTROMIKNATISLAR İŞ BAŞINDA

Elektromıknatıslar günümüzde hurdalıklarda çok işe yarar. Vinçlerden zincirlerle sarkıtılırlar. Akım verilince elektromıknatıs çalışmaya başlar. Büyük olanlar arabaları bile kaldırabilir. Elektromıknatıs, içinde demir olan her şeyi çeker.

GÖZ KAMAŞTIRAN GÖSTERİLER

Faraday'ın yılbaşında çocuklar için yaptığı gösteriler her yıl tekrarlanan bir olay hâline gelmişti. Faraday, kıvılcım yağmurlarıyla ve kızgın ark lambalarıyla izleyicilerin gözlerini kamaştırmayı severdi. Bir gün çocuklar elektrik ışığını kendi evlerinde göreceklerdi.

İşte Bilim

Elektromıknatıs bobinler

Akımın geçtiği tel, kıvrım oluşturacak şekilde bükülmüşse manyetizma artar.

Bobin çok sayıda kıvrımdan oluşur. Bu şekildeki bir bobin manyetik etkiyi daha da güçlü kılar.

Demir çubuğun etrafına bobin sarıldığında ve bir devreye bağlandığında elde ettiğiniz şey elektromıknatıstır! Akım geçmezse manyetizma da olmaz.

Devre tamamlanır

Faraday doğadaki her şeyin görünmez yollarla birbirine bağlı olabileceğini düşünüyordu. Elektrik akımı manyetizma oluşturabiliyordu. O hâlde manyetizma da elektrik akımı oluşturabilir miydi? 1831 yılının Ağustos ayında bunun mümkün olabileceğini gösterdi. Demir bir halkanın zıt taraflarına uzun tel bobinleri sardı. Daha sonra telleri bir pusula iğnesine bağladı. Tellerin ucunu bir bataryaya dokundurduğunda iğne hareket etti. Akım sanki atlamıştı. İlk bobinin çevresinde oluşan manyetik alan ikinci bobin üzerinde bir akım başlatmıştı. Elektromanyetik indükleme imkân dâhilindeydi. Ekim ayı geldiğinde daha fazla ilerleyerek basit bir jeneratör elde etmişti.

İNDÜKSİYON HALKASI

Faraday 36 metre uzunluğundaki bakır telini, 15 cm çapındaki demir halkanın etrafına sararak iki bobin elde etti. Yalıtkan olarak da pamuklu bez ve sicim kullandı. Akım verildiğinde iğne hareket etti. Akım kesildiğinde ise iğne diğer yöne hareket etti!

Bir üreteç

Faraday, makineleri çalıştıracak elektriği elde etmenin enerji gerektirdiğini fark etti. Bu nedenle kayış kasnak makinesini çevirmesi için asistanı Charles Anderson'un kas gücünden faydalandı. Makine, U biçiminde bir mıknatısın kutupları arasındaki bakır diskin hızla dönmesini sağlıyordu. Faraday pusula iğnesinin hareket ettikten sonra yeni konumunda kaldığını görünce sevinç çığlığı attı. Faraday'ın dönen bu diski bir jeneratör yani elektrik üreteciydi ve mıknatısın kutupları arasında dönmeye devam ettikçe elektrik üretecekti. Hatta günün birinde araçları ve fabrikadaki makineleri çalıştırmaya yetecek miktarda elektriği... Bu buluş, Faraday'ın farkında bile olmadığı kadar büyük bir şeyin başlangıcıydı.

Charles Anderson

Alanında bir ilk

Faraday hiçbir yerde laboratuvarda olduğundan daha mutlu değildi. Çalışırken hoplayıp zıplıyor, ellerini ovuşturuyor ve bir şeyler mırıldanıyordu. Artık mıknatısların, statik yüklerin ve elektrik akımının "kuvvet alanları" oluşturduğundan emindi. Yakınına bir mıknatıs yerleştirdiğinde bir kart üzerindeki demir tozlarının oluşturduğu desenleri inceledi. Onun gözünde elektromanyetik alanlar her yerdeydi, tıpkı içinde kuşların uçtuğu ve uçurtmaların süzüldüğü görünmez hava gibi. "Kuvvet alanları" fikri Faraday ile birlikte başladı. Faraday çalışmadığı zamanlarda ailesiyle zaman geçirmekten ve deniz kenarına tatile gitmekten hoşlanırdı.

CHARLES ANDERSON ordudan emekli bir çavuştu ve ideal bir asistandı. Sırf Faraday eve gitmesini söylemeyi unuttuğu için tüm gece uyanık kaldığında bile asla şikâyet etmemişti!

Işığı yakmak

Faraday'ın icat ettiği jeneratör, buhar makineleriyle çalışan daha büyüklerini yapmaları için diğer mucitlere esin kaynağı oldu. Faraday, bir elektrik motorunun nasıl çalışacağını göstermiş fakat makineler için ilk elektrik motorunu yapma işini başkalarına bırakmıştı. Bu 1870'lerde, Faraday öldükten sonra gerçekleşti.

Faraday, elektrikle çalışan ampulleri görecek kadar da yaşamadı. Faraday, ampulün nasıl çalışacağını biliyordu çünkü içinden elektrik akımı geçtiğinde ince tellerin ısınarak parladığını görmüştü. 1812 yılında icat edilen ark lambalarını ve ilk elektrikli ışıkları da biliyordu. Bu elektrikli ışıklar, tiyatrolar için uygun olan ancak evlere aşırı parlak gelen muhteşem ışık kıvılcımları sağlıyordu. Faraday geceleri gaz lambası veya mum ışığı eşliğinde çalışıyordu. Yanmadan ve patlamadan ışık vermeyi sürdüren ilk ampuller 1870'li yıllarda İngiltere'de Joseph Swan ve Amerika'da Thomas Edison tarafından icat edildi.

Faraday ark lambasıyla deney yaparken

İşte Bilim

Ampul nasıl çalışır?

Ampulün içinde gazla çevrelenmiş, filaman denilen ince bir tel bulunur. İnce tellerin elektrikteki elektronlara karşı direnci kalın tellere göre daha fazladır. Üzerinden akım geçtiğinde tel ısınır ve parlayarak etrafına ışık verir.

- Filaman
- Filamana akım taşıyan ve filamandan gelen akımı geri ileten teller
- Güç kaynağı temas noktası

YENİ NOTLAR

Faraday, yaşlandıkça hafızasının zayıfladığını fark ettiğinden not defterlerine yeni notlar almaya devam etti. Bugün hâlen elektrik için kullandığımız anot, katot ve elektrot gibi bazı kavramları ilk defa Faraday ortaya attı.

Şaşırtan Keşifler

Faraday, 1839 yılında aşırı çalışmaktan hasta düştü. Hastalığından kurtulup araştırmalarına geri dönünce dev bir mıknatısı kullanarak ışığı bükmeyi denedi. Aynı zamanda güneş ışığını kullanarak da elektrik üretmeyi denedi. Başarılı olamadı fakat daha sonra fotoelektrik hücreler üretmek ve güneş santralleri inşa etmek için onun güneş enerjisi fikrinden yararlanıldı. İletken ve yalıtkan malzemelerle yaptığı test çalışmalarını sürdürdü. Elektrik tehlikelidir, Faraday da deneyleri sırasında defalarca yandı ve çapıldı. Elektrik akımını güvenli şekilde kontrol edebilmek için araç gereçlerini nasıl yalıtması gerektiğini bizzat kendisi bulmak zorunda kalmıştı. Bu yalıtım işlemi, telleri kumaş, sicim ya da başka bir malzeme ile dikkatlice sarmayı ve saatler süren çalışmaları gerektiriyordu.

İLETKENLER
Faraday, en iyi elektrik iletkenini bulmak için Leyden şişesiyle deneyler yaptı. Nemli havuç ve gümüş iyi iletkenlerdi fakat deneylerinde ucuz olan bakır tel kullandı.

ZORLANDIĞINI HİSSETMEK

Faraday, enerjinin her yerde var olduğuna ve evrende akıp gittiğine inanıyordu. Bu evrensel enerjinin sırlarını elektriğin açığa çıkaracağını umuyordu. Ne yazık ki kendi enerjisi azalıyordu. Çok çalışmıştı ve hasta düşmüştü. Hastalığını takip eden altı yıl boyunca çok az çalışma yapabildi ve insan içine pek çıkmadı.

İşte Bilim
Elektrik akımı

Elektrik akımı elektronların akışıyla olur. Elektronlar çoğunlukla farklı yönlerde hareket eder. Bakır tele pil bağlandığında, pil teldeki tüm elektronları aynı yönde hareket etmeye zorlar. Elektronlar tel boyunca akım olarak ilerler. Tel çevresindeki yalıtım ise elektronların telden kaçmasını engeller.

YALITKANLAR

Faraday, bakır telleri yalıtmak için onları iletken olmayan malzemelerin içine sardı. Bunun için deri, parşömen, saç, sicim, kumaş, tahta ve hatta hayvan tüyü denedi. Plastikler iyi yalıtkanlardır fakat Faraday'ın zamanında plastik yoktu.

Elektrik kablosuyla oynamayın!

DİKKAT: Basit deneyler yaparken yalnızca 1,5 voltluk küçük pil kullanın. Elektrik voltajı derinizde yanıklara neden olabilir, yüksek voltajlar ise ölüme yol açabilir. Elektrikli deneyler yapmadan önce öğretmeninize veya bir yetişkine danışın.

DERSE DEVAM

1850'lere gelindiğinde, İngiltere'nin en ünlü bilim insanı yeniden ders vermeye başlamıştı. Bilimle uğraşan çocukların sayısının yetersiz olmasından şikâyetçiydi.

Faraday sayesinde şekillenen gelecek

Faraday, birçok onur ödülü aldı ancak İngiliz soyluluk unvanı olan "Sör" yerine "Bay" Faraday olarak anılmayı tercih etti. 25 Ağustos 1867 tarihinde öldü.

Faraday'ın ölümünün ardından 15 yıl geçmeden Thomas Edison, New York şehrinin caddelerini ışıklandırmıştı. Faraday kendi çalışmalarının mümkün kıldığı elektrikli tren, bilgisayar ve televizyon gibi harikaları görecek kadar uzun yaşamadı. 1858 yılında, "Muhakemenizin ve ilkelerinizin rehberliğinde fakat deneylerin himayesi ve yönlendirmesiyle bırakın hayal gücünüz yol alsın." diye yazmıştı Faraday. Ernest Rutherford ve Albert Einstein gibi büyük bilim insanları Faraday için elektriğin büyük öncüsü demişlerdir.

Bir defasında "Bu tarz bilgiler ne işe yarar?" diye sormuştu bir kadın. "Hanımefendi," diye yanıtladı Faraday, "Yeni doğmuş bir bebek ne işe yarar?".

KRALİYET ARMAĞANI
Kraliçe Victoria, Faraday ailesine Hampton Court'ta yaşamaları için bir ev armağan etti. Michael, 1858 yılından ölümüne kadar orada yaşadı.

İşte Bilim

Elektrik santralinden eve

Bazı trafolar ülke çapında kablolarla elektrik iletimini sağlamak için elektriksel gücü 22.000 volttan 700.000 volta "yükseltir".

Bazı trafolar elektriğin evlerde güvenli kullanımı için bu elektriksel gücü 110 ile 240 volt arası bir değere "indirir". Bu sistemi Faraday'a ve onun tel bobinlerine yani ilk trafolara borçluyuz.

Bugün hayatımızın bir parçası olan teknoloji, Faraday'ın çalışmalarıyla mümkün hâle gelmiştir.

Sözlük

Akım Bir iletken üzerindeki elektron akışı.

Ark Lambası 1812 yılında Humphry Davy tarafından icat edilen, karbon uçlu teller arasından parlak kıvılcımların çıktığı elektik lambası.

Buhar makinesi Pistonları hareket ettirmek ve çarkları çevirmek için sıcak su kazanından elde edilen buharı kullanan bir makine.

Çap Uç noktaları dairenin çevresi üzerinde bulunan ve çemberin merkezinden geçen doğru parçası.

Demir tozları Manyetizmadan çok kolay etkilenen küçük demir parçacıkları.

Devre Uygun bir iletken üzerinde elektrik akımının takip ettiği yolun tamamı.

Diksiyon Konuşulan dilin incelenmesi ve doğru kullanımının öğretilmesi.

Direnç Bir malzemenin elektrik akımına karşı koyma gücü.

Elektromıknatıs Demir bir çekirdeğin etrafına sarılı olan bobinden elektrik akımı geçmesi hâlinde çalışan mıknatıs.

Elektron Atomun negatif yani eksi (-) elektrik yükü taşıyan parçacığı.

Elektrot Elektrik akımının bir elektriksel cihaza ya da bu cihazdan başka bir ortama akmasına izin veren metal ya da herhangi bir iletken.

Fotoelektrik hücre Işığı elektrik enerjisine çeviren bir araç.

Güneş enerjisi Enerji üretmede kullanılan güneş ışınımı.

Hücre Hayvanların ve bitkilerin yaşayan canlı dokularını oluşturan küçük birimler. Elektrik üretmeye yarayan kimyasal bir araç.

İletken Elektriğin içinden kolaylıkla akıp geçmesine izin veren bir madde.

Jeneratör Mekanik enerjiden elektrik elde etmeye yarayan bir makine, üreteç.

Kehribar Çam ağaçlarının fosilleşmiş sert, sarıya çalan kahverengi reçinesi. Eski Yunanlar kehribar için elektron sözcüğünü kullanırdı.

Kimyasal tepkime İki ya da daha fazla sayıda maddenin bir araya gelerek farklı maddeler oluşturduğu bir süreç.

Kondansatör Elektrik yükünü depolamaya yarayan bir araç, kapasitör.

Manyetik alan Bir mıknatısın kutupları çevresindeki kuvvet çizgileri.

Manyetizma Elektrik akımıyla ve bazı maddelerce ortaya çıkan ve belirli metalleri çeken görünmez kuvvet.

Öncü Bir sanat ve düşünce akımını, çağına göre yeni bir görüşü başlatan kimse veya eser.

Parçacıklar Atomu oluşturan küçük parçalar.

Pil Metallerin sıvılarla kimyasal tepkimeye girmesi sonucu çalışan ve elektrik depolamaya yarayan bir araç.

Proton Atomun pozitif yani artı (+) yük taşıyan parçası.

Statik elektrik Hareket hâlinde olmayan elektrik yükü.

Sürtünme Cisimlerin birbiri üzerinden kayarken bu harekete karşı gösterdikleri direnç kuvveti.

Tel kafes Ağ şeklinde telden bir kafes.

Yalıtkan Elektrik akımının geçişini engelleyen herhangi bir malzeme.

Yük Elektrik miktarının ölçüsü.

Dizin

A
akım 13, 27, 30
Albert Einstein 28
Alessandro Volta 10
ampul 24-25
Anderson, Charles 20, 22
André Ampère 10, 16
Ark lambası 17, 24, 30

B
Benjamin Franklin 9
bobin 17, 18
buhar makinesi 24, 31

D
Davy lambası 12
demir tozu 23, 30
dersler 16
devre 10, 15, 30

E
elektrik motoru 14, 24
elektrikle ilgili kelimeler 25
elektrik üreten balıklar 6
elektrik yükü 7, 9, 30
elektromanyetizma 12, 14, 22
elektromıknatıs 16, 30
elektrot 11, 25, 30
emniyet lambası 12
Ernest Rutherford 28

F
Faraday'in ebeveynleri 6
filaman 25
Frankenstein 8

G
güç istasyonu 29
güneş enerjisi 26, 31
güvenlik 9, 27

H
Hans Oersted 12
Humphry Davy 8, 10, 12, 15

İ
iletken 26, 30
indüksiyon 18, 30

J
jeneratör 18, 20, 30
Joseph Henry 16, 18
Joseph Swan 24

K
kehribar 7, 30
kondansatör 11, 30
Kraliçe Victoria 28
Kraliyet Bilimler Akademisi 8, 12

L
laboratuvar 12, 14
Leyden şişesi 10-11, 26
limon pili 11
Luigi Galvani 8

M
manyetik alan 20, 22, 30
manyetizma 12, 13, 19
mıknatısın kutupları 13

P
pil 10, 11, 30
pusula iğnesi 13

S
Sarah Barnard 14
statik elektrik 7, 31

T
Thomas Alva Edison 24, 28
Trafo 29, 31

V
velespit 22

W
William Sturgeon 16
William Wollaston 15

Y
yalıtım ve yalıtkanlar 19, 26, 31
yıldırım 9, 12